马铃薯主食加工系列丛书

不可不知的 马铃薯 主食知识问答

丛书主编　戴小枫

主　　编　胡宏海

U0256211

中国农业出版社

图书在版编目（CIP）数据

不可不知的马铃薯主食知识问答／胡宏海主编．——
北京：中国农业出版社，2016.3
（马铃薯主食加工系列丛书／戴小枫主编）
ISBN 978-7-109-21421-7

Ⅰ.①不… Ⅱ.①胡… Ⅲ.①马铃薯-食谱-问题解
答 Ⅳ.①TS972.123-44

中国版本图书馆 CIP 数据核字（2016）第 006751 号

中国农业出版社出版
（北京市朝阳区麦子店街 18 号楼）
（邮政编码 100125）
责任编辑　张丽四　程　燕

三河市君旺印务有限公司印刷　新华书店北京发行所发行
2016 年 3 月第 1 版　2016 年 3 月河北第 1 次印刷

开本：880mm×1230mm　1/32　印张：1.375
字数：25 千字　印数：1～50 000 册
定价：10.00 元
（凡本版图书出现印刷、装订错误，请向出版社发行部调换）

丛书编写委员会

主　　任：戴小枫

委　　员（按照姓名笔画排序）：

　　　　王万兴　　木泰华　　尹红力　　毕红霞　　刘兴丽

　　　　孙红男　　李月明　　李鹏高　　何海龙　　张　泓

　　　　张　荣　　张　雪　　张　辉　　胡宏海　　徐　芬

　　　　徐兴阳　　黄艳杰　　谌　珍　　熊兴耀　　戴小枫

本书编写人员

（按照姓名笔画排序）

　　　　张　泓　张　荣　张　雪

　　　　张　辉　胡宏海　徐　芬

　　　　戴小枫

基 础 篇

1. 什么是马铃薯面条? ……………………………………………… 3

2. 什么是马铃薯米粉? ……………………………………………… 3

3. 什么是马铃薯复配米? …………………………………………… 4

4. 什么是马铃薯莜面系列食品? …………………………………… 5

5. 什么是马铃薯杂粮系列食品? …………………………………… 5

6. 马铃薯主食加工常用的品种有哪些? …………………………… 6

7. 马铃薯作为主食加工原料时有哪几种形式? …………………… 7

8. 马铃薯淀粉和马铃薯全粉是一个东西吗? 有什么区别? ……… 8

9. 马铃薯蛋白含量高吗? 和小麦蛋白有什么区别? …………… 9

加 工 篇

10. 马铃薯面条是如何加工而成的? ………………………………… 13

11. 马铃薯米粉是如何加工而成的? ………………………………… 13

12. 马铃薯复配米是如何加工而成的? 和普通大米有什么区别? …… 14

13. 马铃薯主食产品加工的难点是什么? 其原因是什么? ……… 15

14. 与新鲜马铃薯相比, 马铃薯主食产品加工过程中
营养损失大吗? ………………………………………………… 16

15. 马铃薯主食产品加工时需要添加剂吗? ………………………… 16

16. 马铃薯主食产品加工需要专用设备吗？·································· 17

消费篇

17. 马铃薯在我国哪些地区有作为主食消费的习惯？
    其烹饪方法有哪些？··················· 21
18. 家庭如何自己制作马铃薯主食产品？················· 22
19. 马铃薯面条的煮制方法与传统面条有区别吗？
    有哪些注意点？··················· 23
20. 马铃薯米粉的煮制方法与传统米粉有区别吗？
    有哪些注意点？··················· 23
21. 马铃薯复配米的烹制方法与普通大米有区别吗？
    有哪些注意点？··················· 24
22. 什么是免拆膜微波包装马铃薯主食产品？有什么优点？······ 25
23. 不同包装形式的马铃薯主食产品保存方法有什么不同？····· 26
24. 马铃薯主食产品与普通主食产品的口感、风味等
    食用品质区别大吗？··················· 27
25. 马铃薯主食产品与传统主食产品在色泽有什么区别？······· 28
26. 为什么马铃薯主食产品价格高于传统主食产品？
    营养价值哪个高？··················· 28

营养篇

27. 马铃薯主食产品的营养价值为什么高于传统主食产品？······ 33
28. 经常食用马铃薯主食产品，对人体健康有哪些好处？······· 34
29. 与传统面条相比，马铃薯面条的能量是高还是低？········· 35
30. 常吃马铃薯主食产品会长胖吗？··················· 36
31. 马铃薯主食产品适合于"三高"人群食用吗？············· 37

基础篇

1. 什么是马铃薯面条？

面条在我国是一道出现频率极高的主食，因为它方便省事，烹饪时间短，口感与风味千变万化而深受消费者的喜爱。马铃薯面条是以优质马铃薯粉或薯泥替代一部分小麦粉，通过混料、和面、熟化、压片、压延及切条等工序加工而成的新型营养面条，口感筋道、爽滑，风味独特，维生素 C、维生素 B 族、膳食纤维及钙、锌等矿物质含量高，脂肪含量低，氨基酸组成合理，含有 18 种氨基酸，包括人体不能合成的各种必需氨基酸，营养丰富，全面均衡。马铃薯面条的食用方法多种多样，既可以蒸着吃，也可以煮着吃，是理想、时尚的主食选择。

马铃薯面条

2. 什么是马铃薯米粉？

米粉是我国南方地区非常流行的美食，其品种多样。马铃薯米粉是以优质新鲜马铃薯或马铃薯粉和早籼米为主要原料，在不添加任何食品添加剂的情况下，采用专利配方与工艺，解决了马铃薯米粉加工中存在的易断条、易粘连、难松丝、易浑汤等技术难题，所制得的马铃薯米粉富含维生素 C、维生素 B 族、膳食纤维及钙、锌等矿物质，脂肪含量低，氨基酸组成合理，含有 18 种氨基酸，包括人体不能合成的各种必需氨基酸，营养丰富，全面均衡。马铃薯米粉可蒸可煮可炒，食用便利，口感筋道、爽滑、柔软，是餐桌上一道崭新的健康主食。

马铃薯米粉

3. 什么是马铃薯复配米？

马铃薯复配米

所谓马铃薯复配米是以优质马铃薯薯粉和稻米为主要原料，通过配方工艺革新、核心装备创制，采用多项专利技术工艺，加工成具有米粒形状的食品。所制得的马铃薯复配米营养丰富，全面均衡，维生素 C、B 族维生素、膳食纤维及钙、锌等矿物质含量高，而且脂肪含量低。同时，含有 18 种氨基酸，包括人体不能合成的各种必需氨基酸，营养丰富，全面均衡。马铃薯复配米外形光滑美观，可蒸可煮可炒，食用便利，口感细腻富有弹性，具有耐煮不变形的特性，既可以与大米及其他谷物等一起煮粥，也可以与大米一起焖饭，还可以做成炒米饭，是一种营养品质高的复配米，适合不同人群食用。

4. 什么是马铃薯莜面系列食品？

莜麦属于一年生禾本科植物，在禾谷类作物中蛋白质含量最高，含有人体所必需的 8 种氨基酸，组成较为平衡，是营养丰富的粮食作物，将莜麦磨成粉后可制作各种面食。马铃薯莜面系列食品是以马铃薯薯粉/薯泥与一定比例的莜麦粉为主要原料，再加入适量的其他原辅料制作而成，口感筋道、风味浓郁，营养丰富均衡，可满足我国居民对营养健康型主食日益增长的需求。

马铃薯莜面鱼鱼

马铃薯莜面栲栳栳

5. 什么是马铃薯杂粮系列食品？

杂粮通常是指水稻、小麦、大豆和薯类五大作物以外的粮豆作物。

主要有：高粱、谷子、糜子、薏仁、荞麦以及绿豆、小豆（红小豆、赤豆）、黑豆等，一般都含有丰富的营养成分。马铃薯杂粮系列食品是以优质马铃薯薯粉/薯泥及杂粮粉为主要原料，采用多项专利和独创工艺加工而成的，营养更为丰富的马铃薯杂粮主食。马铃薯杂粮系列食品包括马铃薯杂粮面条、米粉、复配米等。与传统主食相比，马铃薯杂粮食品的维生素，膳食纤维，矿物元素含量更高，脂肪含量低，营养丰富，全面均衡。

马铃薯玉米米粉

马铃薯小米米粉

6. 马铃薯主食加工常用的品种有哪些？

　　目前，我国栽培种植的马铃薯品种繁多，全国年种植面积超过6 600公顷的马铃薯品种有82个，超过3.3万公顷的品种有30个。但由于不同品种马铃薯的加工特性不同，并不是所有品种的马铃薯都适合加工马铃薯主食。有关学者对我国主栽的部分马铃薯品种进行了筛选研究，确定了部分马铃薯主食产品的专用品种。例如，在西北、华北地区的马铃薯主栽品种中，中薯19号马铃薯的面条加工适应性最佳，中薯

18 号、948A、大西洋与夏波蒂次之。

中薯19号　　　　　　　中薯18号　　　　　　　948A

夏波蒂　　　　　　　大西洋

7. 马铃薯作为主食加工原料时有哪几种形式?

马铃薯作为主食加工原料时主要有马铃薯鲜薯、马铃薯薯泥、马铃薯熟全粉及马铃薯生全粉等形式。马铃薯薯泥是以新鲜马铃薯为原料，经清洗、去皮、切片、漂烫、预煮、冷却、蒸煮、捣泥等工序制得的泥状马铃薯产品。马铃薯熟全粉则是以马铃薯鲜薯为原料，经清洗、去皮、切片、漂洗、预煮、冷却、蒸煮、捣泥等工序制得薯泥后，经脱水干燥而得的细颗粒状、片屑状或粉末状产品，包含了新鲜马铃薯除薯皮以外的全部干物质，最大限度保留了马铃薯所含的全部营养成分。马铃薯生全粉则是以马铃薯鲜薯为原料，经清洗、去皮、挑选、切片、护色、低温烘干、粉碎等工艺加工而成的颗粒状全粉，其特点是马铃薯中的淀粉、蛋白等成分不发生热变性。

马铃薯泥

马铃薯全粉

8. 马铃薯淀粉和马铃薯全粉是一个东西吗？有什么区别？

马铃薯全粉与马铃薯淀粉对比图

马铃薯全粉不同于马铃薯淀粉，它是新鲜马铃薯的干制品，包含了新鲜马铃薯除薯皮以外的全部干物质：淀粉、蛋白质、糖、脂肪、纤维、灰分、维生素、矿物质等。复水后的马铃薯全粉呈新鲜马铃薯蒸熟后捣成的泥状，并具有新鲜马铃薯的营养、风味和口感。而马铃薯淀粉只包含淀粉这一种物质，其他营养元素含量极低或不含有这些营养素。与马铃薯淀粉相比，全粉具有更全面的营养、更好的风味和口感。

9. 马铃薯蛋白含量高吗？和小麦蛋白有什么区别？

新鲜马铃薯中含 1.5%～2.3% 蛋白质，马铃薯全粉中含6.5%～13.0%蛋白质。小麦粉根据其蛋白含量的多少分为高筋粉、中筋粉及低筋粉，其中高筋粉中含 12%～15% 的小麦蛋白，中筋粉含 9%～11% 小麦蛋白，低筋粉含 7%～9% 小麦蛋白。马铃薯蛋白中主要是球蛋白与糖蛋白。小麦蛋白按其在不同溶剂中溶解度不同分为清蛋白、球蛋白、醇溶蛋白和谷蛋白，其中醇溶蛋白与麦谷蛋白相互作用形成具有黏弹性的面筋蛋白。因此马铃薯全粉中蛋白质含量虽然与小麦蛋白含量差别不大，但是马铃薯蛋白无法形成具有黏弹性的面筋蛋白，这是其与小麦蛋白最大的区别。

马铃薯蛋白和小麦蛋白的对比图

加 工 篇

10. 马铃薯面条是如何加工而成的?

马铃薯面条以优质马铃薯全粉和小麦粉为主要原料,经混料、和面、一次熟化、复合压片、二次熟化、压延、切条、干燥、切断等工序加工而成。与传统面条加工相比,马铃薯面条所采用的熟化工艺为恒温恒湿熟化工艺,熟化温度、湿度、时间等参数与传统面条相比存在较大差异,恒温恒湿熟化工艺有利于马铃薯面团的面筋网络形成。同时,采用低温干燥技术解决了马铃薯面条干燥过程中脱水难、易酥条等难题,所制得的马铃薯面条口感筋道、爽滑,风味独特且营养丰富。

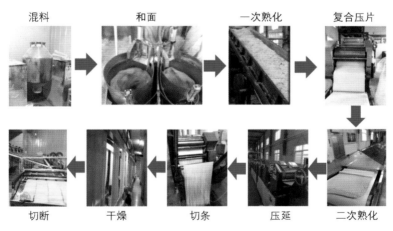

|混料|和面|一次熟化|复合压片|
|切断|干燥|切条|压延|二次熟化|

马铃薯面条加工工艺

11. 马铃薯米粉是如何加工而成的?

马铃薯米粉的加工方法有两种:一种是以马铃薯鲜薯和大米为原料,将马铃薯鲜薯切成丁与大米混合均匀,利用一步成型米粉机经挤压、优化、干燥等工艺加工而成；另一种是以马铃薯全粉和大米粉为原料，将原料混合后经蒸熟/挤压成型、恒温恒湿熟化、干燥等工艺加工而成。马铃薯米粉和传统米粉相比，口感筋道、爽滑、柔软，且富含维生素、膳食纤维等，含有 18 种氨基酸，营养更加丰富，全面均衡。

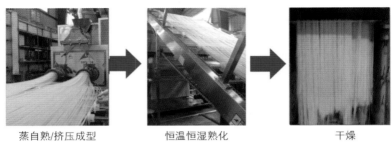

蒸自熟/挤压成型　　　　　　恒温恒湿熟化　　　　　　　干燥

马铃薯米粉加工工艺

12. 马铃薯复配米是如何加工而成的？和普通大米有什么区别？

马铃薯复配米以优质马铃薯和稻米为主要原料，以水、淀粉、魔芋

马铃薯复配米和普通大米对比图

粉等为辅料，经混料、挤压、造粒、干燥等工艺加工而成。所制得的马铃薯复配米与普通大米相比，营养丰富，全面均衡。马铃薯复配米颜色比普通大米深，口感细腻富有弹性，但其耐煮性和普通大米相比较差，比较适合制作蒸米饭、炒米饭等。同时，通过在马铃薯复配米原料中添加菊粉、魔芋粉等对人体健康有益的辅料，可以制得适合不同人群（如高血压、糖尿病等）食用的马铃薯复配米。

13. 马铃薯主食产品加工的难点是什么？其原因是什么？

与传统米面主食相比，马铃薯主食产品加工过程中存在诸多技术难题。例如，马铃薯面条加工时成型难、易断条、不耐煮、易浑汤；马铃薯米粉加工时易断条、易粘连、难松丝、易浑汤；马铃薯复配米加工时易粘连、不耐煮、外形易松散。造成马铃薯主食加工困难的主要原因是马铃薯全粉中不含面筋蛋白，无法形成面筋网络结构，就像钢筋混凝土中缺少钢筋，因此面团成型难，易断条。同时与大米相比，马铃薯全粉中淀粉结构及直链与支链淀粉比例不同于大米淀粉，且全粉中含有破坏粉团结构的粗纤维等物质，从而阻碍其凝胶网络形成。

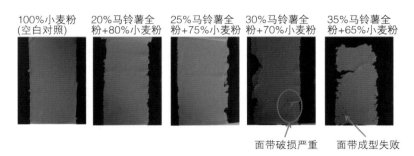

马铃薯全粉与小麦粉面带形成对比图

14. 与新鲜马铃薯相比，马铃薯主食产品加工过程中营养损失大吗？

与新鲜马铃薯相比，马铃薯加工成主食产品后，营养成分例如维生素及矿物质会有部分损失。但与传统主食相比，同样的加工处理后，马铃薯主食中维生素及矿物质仍高于传统主食。加工工艺基本不会降低马铃薯主食中蛋白质、氨基酸及膳食纤维的含量。马铃薯加工成主食后，其营养成分不会造成很大损失，营养价值仍高于传统主食。

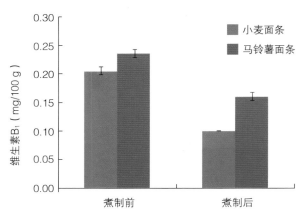

小麦粉面条和马铃薯面条煮制前后维生素 B_1 损失情况

15. 马铃薯主食产品加工时需要添加剂吗？

大部分马铃薯主食产品不需要添加剂，比如马铃薯面条、马铃薯鲜薯米粉等。这类马铃薯主食加工中虽存在诸多技术难题，但主要是通过配方工艺革新、核心装备创制，采用多项专利和独创工艺，加工而成的口感筋道、爽滑，风味独特，且营养全面均衡的马铃薯主食产品。部分马铃薯主食需要添加食品添加剂，比如马铃薯复配米，需要添加一些乳化剂改善品质。虽然部分产品添加了食品添加剂，但添加量较少，且符合国家标准，不会影响身体健康。

马铃薯米粉配料表

16. 马铃薯主食产品加工需要专用设备吗？

由于马铃薯本身理化特性的特殊性，用于加工普通米饭、面条、馒头和米粉等主食产品的加工技术和装备，不适合用来加工马铃薯主食产品，因此马铃薯主食产品加工需要专用设备。目前，已有研究学者针对马铃薯非发酵面制主食产品成形难、分切难、易破损、易断裂、易粘连等问题，需对传统米面主食产品加工设备的关键部件进行改造设计，开发了马铃薯主食产品加工的专用设备，既有面向家庭的小型设备，也有面向食堂、餐饮连锁店的中型设备，还有面向食品加工厂的大型设备，可以满足不同规模水平的马铃薯主食加工需求。

一体化仿生擀面机　　　　　　　　双螺杆挤压机

消费篇

17. 马铃薯在我国哪些地区有作为主食消费的习惯？其烹饪方法有哪些？

　　马铃薯在我国已经有 400 多年的栽培历史，长期以来，在我国的大部分地方，马铃薯的消费方式主要是鲜食菜用，鲜食消费量占总消费量

烤土豆

烧炒土豆丝

土豆饼

洋芋擦擦

的 65%，把马铃薯当做主食来消费的地方主要集中在陕西、甘肃、山西、河北张家口等地。其烹饪方法主要分为蒸、煮、烤、炸等，各地居民根据不同的饮食习惯将马铃薯加工成不同形式的主食产品，主要有炒洋芋、锅巴洋芋、炕洋芋、烤马铃薯、铜锅洋芋焖饭、土豆饼、土豆煎饼、土豆丸子、洋芋粑粑、洋芋擦擦、洋芋丝炒饭、炸洋芋、煮洋芋、莜面土豆饼等。

18. 家庭如何自己制作马铃薯主食产品？

目前，为了方便老百姓自己在家制作马铃薯主食产品，有关研究学者已经成功研制出供家庭使用的各种马铃薯主食系列复配粉，包括马铃薯面条复配粉、马铃薯莜面系列产品复配粉等。同时，已经建立了马铃薯主食的家庭烹调方法，消费者只要根据包装上所示的烹调说明，就可以自己在家简单制作马铃薯主食产品。随着马铃薯主食加工产业的发展，人们在超市就可以像购买面粉、大米一样购买到各种马铃薯主食系列复配粉。

马铃薯主食系列复配粉

19. 马铃薯面条的煮制方法与传统面条有区别吗？有哪些注意点？

为保证马铃薯面条口感更加筋道、爽滑，风味更独特，在煮制方法上其与传统面条略有差异。煮面过程应注意以下问题：首先，煮制马铃薯面条时水应宽多，急火煮面，煮面的水量应是面条量的 5 倍以上，煮制过程中还应缓慢搅拌，以防止面条粘连及糊汤；其次，应严格控制煮面时间，待面条煮熟，白芯消失，软硬适中后，应立即将面条从沸水中捞出，以防面条口感变软；最后，马铃薯面条煮熟后应过一遍温水，防止面条粘连，保证马铃薯面条的口感更加爽滑。

马铃薯面条

20. 马铃薯米粉的煮制方法与传统米粉有区别吗？有哪些注意点？

马铃薯米粉的煮制方法与传统米粉有较大区别，主要包括以下几个步骤：马铃薯米粉放置开水中全部淹没浸泡，并用筷子轻搅使其软化；关火盖上锅盖焖 20～40 分钟（至米粉爽滑无硬芯为宜，焖粉过程中可再加火烧开水后熄火）；捞出米粉用冷水冲洗，至米粉冷透即可。但应特别注意：切记不可大火急煮，搅拌过度，以免糊汤或断条。

马铃薯米粉

21. 马铃薯复配米的烹制方法与普通大米有区别吗？有哪些注意点？

马铃薯复配米是经过挤压、造粒制成的人造米，与普通大米相比，其耐煮性较差。因此，马铃薯复配米的烹制方法与普通大米存在较大差异。首先，马铃薯复配米烹制时不需要淘洗浸泡；其次，马铃薯复配米更适合于蒸着吃。由于马铃薯复配米复水性较好，易吸水，而且经过高温挤压，使部分原料已经糊化，更容易煮熟，所以马铃薯复配米的烹制时间与普通大米相比较短。

马铃薯复配米炒饭

22. 什么是免拆膜微波包装马铃薯主食产品？有什么优点？

免拆膜微波包装是一种新型的食品包装形式，所使用的盖膜采用特殊的泄气通道设计。微波加热的时候，不需要将盖膜事先揭开就可以直接加热而不发生包装爆裂。马铃薯主食产品采用免拆膜包装后冷冻保存，用微波炉直接加热后即可食用。其产品主要有马铃薯冷冻面条套餐、马铃薯复配米套餐等。免拆膜微波包装马铃薯主食产品具有易保存，方便食用等优点。同时，该类产品微波加热时由于可保持包装的相对密封性，包装内会产生一定的蒸汽，起到一定的蒸煮效果，使马铃薯主食产品在加热过程中失水较少，可较好地保持产品的色香味形。

免拆膜微波包装马铃薯主食食用方法

23. 不同包装形式的马铃薯主食产品保存方法有什么不同？

马铃薯主食产品有多种类型，根据不同的产品类型又有多种不同的

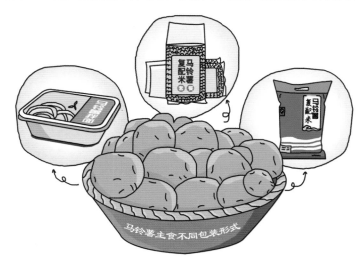

包装和保存方式。一些马铃薯主食产品可进行真空包装，例如马铃薯拌面，真空包装后的马铃薯拌面灭菌后常温可保存 10 个月。一些马铃薯主食产品可进行气调包装，例如马铃薯复配米，且灭菌后同样可常温保存 10 个月。还有一些马铃薯主食产品可利用免拆膜包装形式，例如马铃薯复配米套餐、马铃薯拌面套餐等。免拆膜包装的马铃薯主食产品需进行冷冻保存，使用时无需拆开包装膜，直接将其放置于微波炉加热后食用即可。

24. 马铃薯主食产品与普通主食产品的口感、风味等食用品质区别大吗？

马铃薯主食产品与普通主食产品的口感、风味等食用品质有一定区别，但是区别不大。就拿马铃薯面条来说，有关研究人员做过测试，普通消费者很难区分马铃薯面条与普通小麦面条的不同，但是仔细品尝马

铃薯面条会有马铃薯的天然香味，会稍黏一些。马铃薯复配米和普通大米相比，蒸出的米饭会有马铃薯的香味，口感较软。

25. 马铃薯主食产品与传统主食产品在色泽有什么区别？

与传统主食产品相比，马铃薯主食产品颜色略深，总体偏黄。马铃薯米制品如马铃薯复配米及马铃薯米粉这一特点更为明显，颜色比传统米制品偏黄。马铃薯挂面与传统挂面色泽差距不大，煮后马铃薯面条颜色略有加深，与传统面条相比颜色偏暗。总的来说，马铃薯主食产品的色泽虽与传统主食有所差异，但并不影响马铃薯主食的美观性。

马铃薯馕

马铃薯磨糊蒸包

26. 为什么马铃薯主食产品价格高于传统主食产品？营养价值哪个高？

马铃薯主食产品价格高于传统主食产品的原因，一是原料粉即马铃薯全粉生产成本较高，二是马铃薯主食产品加工困难，所需专用设备与生产线生产成本较高。马铃薯具有以下营养特点：马铃薯中膳食纤维，铁、钾等矿物质和维生素 B_1、B_2 等含量均高于小麦、水稻和玉米。所含蛋白质是完全蛋白质，赖氨酸含量最高，与米面同时食用可起到蛋白质的互补作用。同时，马铃薯中脂肪含量低，因此马铃薯主食产品的营养价值要明显高于传统主食产品。

营养篇

27. 马铃薯主食产品的营养价值为什么高于传统主食产品？

　　马铃薯主食产品营养价值高于传统主食产品的原因主要是马铃薯本身具有很高的营养价值，作为主食产品主要加工原料的马铃薯全粉几乎涵盖了马铃薯鲜薯中的所有营养成分。马铃薯是全球公认的全营养食品，1千克马铃薯的营养价值与3.5千克的苹果相当，因此在国外有"地下苹果"之美称。马铃薯蛋白质营养价值高，可消化成分高，易被人体吸收，其品质与动物蛋白相近，可与鸡蛋媲美。马铃薯中还含有丰富的维生素（胡萝卜素、维生素C、硫胺素、核黄素、尼克酸等）及矿

物质（如钙、磷、铁等）等营养成分。其中，胡萝卜素和维生素 C 是禾谷类粮食中所没有的。从营养角度来看，马铃薯比大米、面粉具有更多的优点，可称为"十全十美的食物"。马铃薯不但营养价值高，而且还有和胃、调中、健脾、益气、强身益肾等药用功效，可预防和治疗胃溃疡、十二指肠溃疡、慢性胃炎、习惯性便秘和皮肤湿疹等疾病。

28. 经常食用马铃薯主食产品，对人体健康有哪些好处?

从营养角度看，马铃薯比大米、面粉具有更多的优点，新鲜马铃薯中含9%~20%淀粉、1.5%~2.3%蛋白质、0.1%~1.1%脂肪、0.6%~0.8%粗纤维，含有 18 种氨基酸，维生素含量也十分丰富，其中胡萝卜素和维生素 C 是谷物粮食中所没有的。实践证明，每天只吃马铃薯，喝牛奶，也不会出现营养缺乏。马铃薯主食产品很大程度上满足了人们对营养型主食的需求。经常食用马铃薯主食产品，还可以减肥、抗衰老、防止动脉硬化、防止便秘、改善精神状态等，常吃马铃薯主食产品，对身体的好处多多。

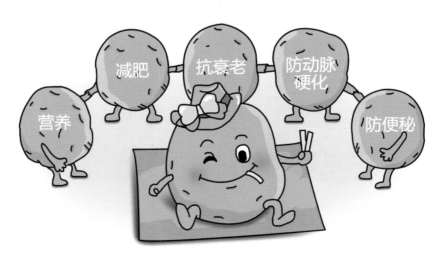

29. 与传统面条相比，马铃薯面条的能量是高还是低？

马铃薯面条的能量低于传统面条。这是由于马铃薯面条中所含膳食纤维、蛋白质及矿物质等营养素的含量高于小麦面条，而碳水化合物低于小麦面条。

膳食中摄入能量的高低取决于食物中供能营养素的含量，包括蛋白质、碳水化合物及脂肪等。由于马铃薯面条中碳水化合物含量明显低于小麦面条，因此其能量也低于传统小麦面条。

普通主食

马铃薯主食

30. 常吃马铃薯主食产品会长胖吗?

　　很多人一直误认为马铃薯淀粉含量过高,是导致容易发胖的食品,因此对马铃薯望而却步。其实,与传统主食相比,马铃薯主食中总淀粉含量相对较低,能量亦较低,这是因为马铃薯富含能够产生饱腹感的膳食纤维。膳食纤维是不能被人体消化的碳水化合物,能够减少热量的摄入,增加饱腹感,减少进食量,所以,常吃马铃薯主食不仅不会变胖,还会起到瘦身的作用。

31. 马铃薯主食产品适合于"三高"人群食用吗？

　　高血压、高血糖及高血脂是现代社会所派生出来的"富贵病"，严重危害现代人的健康。因此科学合理的饮食对三高人群尤为重要。马铃薯主食中由于富含膳食纤维，适合于三高人群食用。膳食纤维能够减少热量的摄入，增加肠道及胃内的食物体积，可增加饱腹感，又能促进肠胃蠕动，可舒解便秘，在保持消化系统健康上扮演着重要的角色。同时摄取足够的纤维也可以预防心血管疾病、癌症、糖尿病以及其他疾病。纤维可减缓消化速度和最快速排泄胆固醇，所以可让血液中的血糖和胆固醇控制在最理想的水平。与大米淀粉、小麦淀粉等其他淀粉相比，马铃薯淀粉在体内消化缓慢，吸收和进入血液都较缓慢，食用后不致使血糖升高过快，有利于控制餐后血糖水平，因此与传统米面等主食相比，马铃薯主食产品较适合于"三高"人群食用，有助于糖尿病人维持正常的血糖，减少饥饿感。